让孩子着迷的经典科学启蒙游戏

一起探索关于力和运动的科学知识吧！

加速前进

［英］安娜·克莱伯恩（Anna Claybourne） 著

　　　　金伯利·斯科特（Kimberley Scott）
［英］　　　　　　　　　　　　　　　　　　　绘
　　　　威尼西亚·迪恩（Venetia Dean）

王津兰 译

化学工业出版社

·北 京·

图书在版编目（CIP）数据

加速前进 /［英］克莱伯恩（Claybourne, A.）著；王津兰译 . —北京：化学工业出版社，2015.7（2021.1重印）
（让孩子着迷的经典科学启蒙游戏）

书名原文：Whizzy Science: Make It Zoom

ISBN 978-7-122-24109-2

Ⅰ.①加… Ⅱ.①克…②王… Ⅲ.①科学实验—儿童读物 Ⅳ.①N33-49

中国版本图书馆 CIP 数据核字（2015）第 112597 号

WHIZZY SCIENCE: Make It Zoom / by Anna Claybourne, Kimberley Scott, Venetia Dean

ISBN 978-0-7502-83717

北京市版权局著作权合同登记号：01-2014-7145

责任编辑：成荣霞　　　　　　　文字编辑：陈　雨
责任校对：蒋　宇　　　　　　　装帧设计：尹琳琳

出版发行：化学工业出版社（北京市东城区青年湖南街13号　邮政编码100011）
印　　装：涿州市般润文化传播有限公司
889mm×1194mm　1/16　印张2　字数50千字　2021年1月北京第1版第3次印刷

购书咨询：010-64518888　　　　　　售后服务：010-64518899
网　　址：http://www.cip.com.cn
凡购买本书，如有缺损质量问题，本社销售中心负责调换。

定　价：28.00元　　　　　　　　　　　　　　　　　　　版权所有　违者必究

目　　录

加速前进！

是什么让物体加速呢？是什么让它们飞翔、滑动、降落、坠毁或者颠簸呢？那就是力。力是一种能够使物体运动、停止或者改变形状的推力或者拉力。

摇晃

急速前进

吞咽！喉咙里的肌肉用力挤压就把食物推进胃里。

扑通！当你向池塘里扔一块小石头时，你的手把石头抛出，然后重力使石头掉进水里。

举个例子吧

力无时无刻不存在于我们身边（甚至存在于我们的体内），推动着事情的发生。事实上，没有这些力，就根本不可能发生任何事情。

挤压瓶身

颜料就喷射出来！

挤啊挤！

用手挤压瓶壁，颜料被挤了出来。

嘭嗒—— 跳蹦床的时候，你用腿把自己往上推。

你的双腿把你往上推

重力把你往下拉

呼—— 重力把你从滑梯上或滑索上拉下来。

螺旋桨推动飞机向前

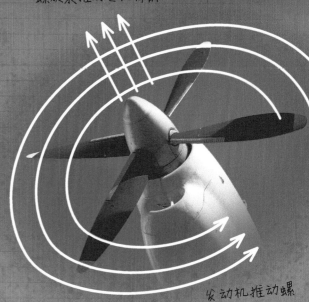

发动机推动螺旋桨旋转

嗖——

呜隆隆！ 发动机通过燃烧燃料使轮子或者螺旋桨转动起来，从而使汽车和飞机前进。

小小科学家

这本书里充满了各种各样刺激的实验，帮助你探索力是如何作用的。为了能像一位真正的科学家一样，在做科学实验的时候请记住以下小贴士：

1. 遵循指示，仔细观察所发生的现象。

2. 在笔记本上写下实验结果，这样你就不会忘记。

3. 科学家们经常会重复好几次实验，以检测实验结果的一致性。

冲刺的小汽车

用力使玩具车冲刺、碰撞、颠簸和飞越吧!

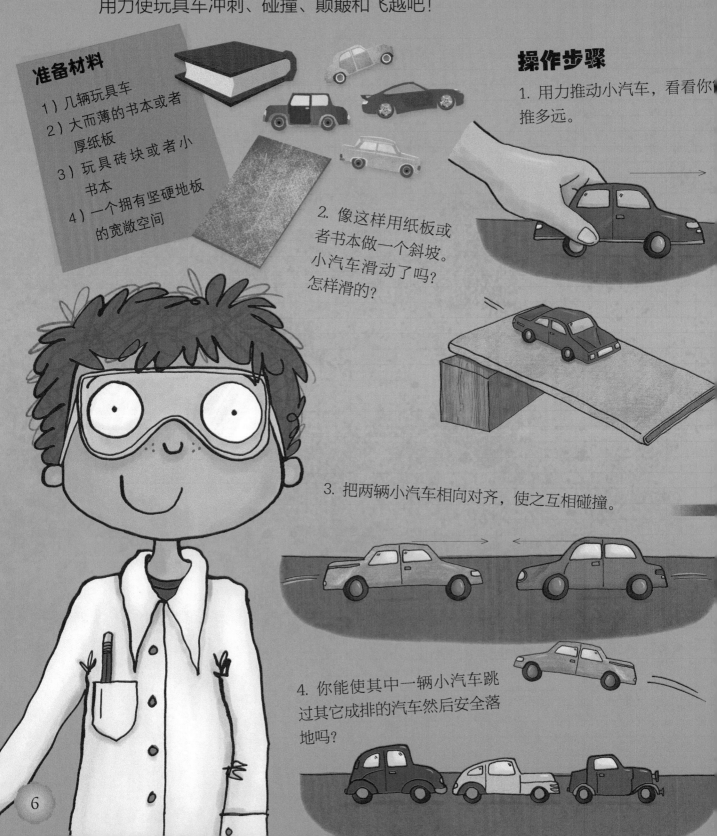

准备材料

1) 几辆玩具车
2) 大而薄的书本或者厚纸板
3) 玩具砖块或者小书本
4) 一个拥有坚硬地板的宽敞空间

操作步骤

1. 用力推动小汽车,看看你能推多远。

2. 像这样用纸板或者书本做一个斜坡。小汽车滑动了吗?怎样滑的?

3. 把两辆小汽车相向对齐,使之互相碰撞。

4. 你能使其中一辆小汽车跳过其它成排的汽车然后安全落地吗?

现象揭秘

使小汽车朝不同方向行驶需要使用不同的力。你用手推小汽车，如果用力推，就会使用更多的力，它就能行驶得更远。

如果小汽车处于斜坡顶端，地球引力就使它向下滑动。引力是物体间的一种拉力。地球引力很强，是因为它质量很大（它是如此之大，如此之沉）。

当两辆小汽车相撞时，它们互相推挤。推力互相抵消，使它们停止运动。

！排忧解难

尽可能平直地推动小汽车，以防止跳跃。如果你有特制的玩具卡车，你也可以把它们放在斜坡顶，使它们撞去和跳跃。

远和近

当你用手推动小汽车的时候，你不得不触碰到它。这就是接触力。但是有些力不需要发生触碰也可以发生作用。当你的越野小汽车在空中飞越的时候，重力把它往下拉。重力是一种超距力——它能隔空起作用。很怪异吧！

拓展实验

如果你让两颗弹珠相撞会发生什么呢？你能控制它们的方向吗？

吸管发射器

空气能够推动物体前进哦！

准备材料

1）一个可以用来挤压的小口空瓶子
2）两根不同粗细的吸管——一根较细，另一根较粗
3）雕塑黏土

操作步骤

1. 将较细的吸管插入瓶口，并用雕塑黏土封住瓶口。

2. 取一根较粗的吸管，用一小块雕塑黏土把一端封住。

3. 把粗吸管套在细吸管的外面。

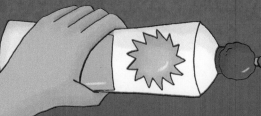

4. 把发射器对准易碎物品，用力挤瓶子！

现象揭秘

当你挤瓶子的时候，你把瓶中的空气也挤了出来。瓶中的一些气体通过细吸管喷射而出，推动了粗吸管上的黏土，使得粗吸管瞬间飞出。

！排忧解难

雕塑黏土周围不应该存在气隙，请确保黏土紧紧密封。

空气是地球大气层中的气体（包括氮气、氧气等）混合而成的，气体分子能够自由飘移。你可以把它们挤压在一起，但是它们会从一种推力反弹。这就是为什么轮胎和充气玩具具有弹性的原因。它们把空气挤压或压缩在内部，就形成了一种向外的推力。

拓展实验

你能让吸管喷射多远呢？做实验试一试吧。
使用钻孔的大纸板作为射击的靶子。
给每个小孔标上不同的得分数。

竹蜻蜓

当物体向某个方向产生推力时，就会在相反方向产生一个同等的作用力。这是一种让物体升离地面的原理。

准备材料

1）轻质卡片
2）剪刀
3）钻孔器
4）一根吸管（不可弯折为佳）
5）双面胶

操作步骤

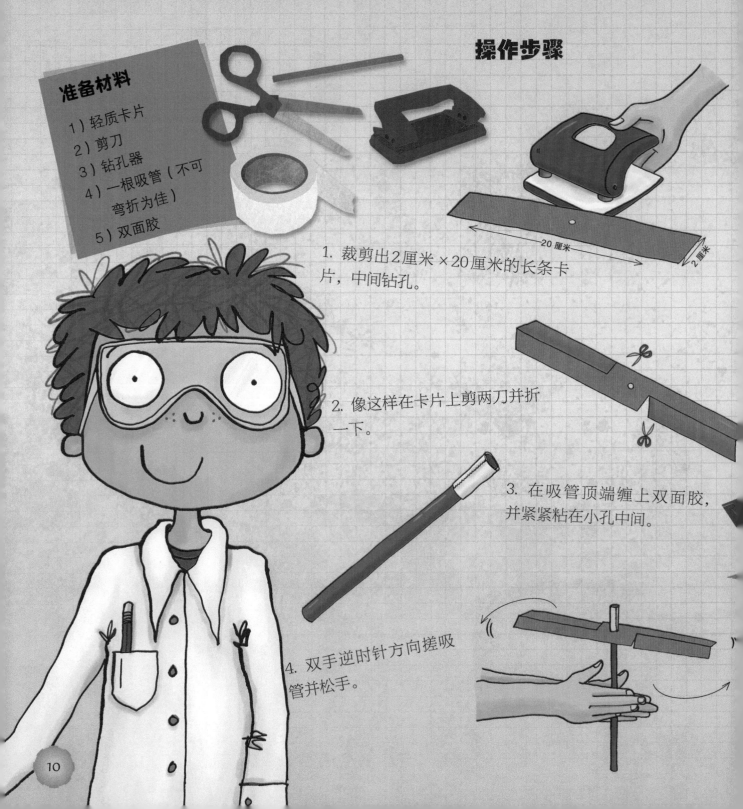

1. 裁剪出2厘米×20厘米的长条卡片，中间钻孔。

2. 像这样在卡片上剪两刀并折一下。

3. 在吸管顶端缠上双面胶，并紧紧粘在小孔中间。

4. 双手逆时针方向搓吸管并松手。

现象揭秘

如果成功的话，你的竹蜻蜓就会飞起来了。卡片经裁剪和折叠变成了旋翼叶片，就像直升机上的螺旋桨。当旋翼叶片在空气中转动时，形成了向下的气流。空气产生反方向的推力，使竹蜻蜓升空飞翔。

排忧解难

如果卡片难以紧紧固定在吸管上，就多用一些双面胶使之粘连。

机翼也是以类似的方法工作。当飞机前进的时候，机翼的折角向下推动空气，空气反推回来，飞机就升空了。

机翼向下推动空气

空气向上推动机翼

拓展实验

你能想出一个方法，使吸管转动得更快吗？

寻找关于直升机起飞的视频。看看你能否找到以类似方式在空气中飞翔的种子或者其它物体。

零重力和水的喷射

是什么让水从漏洞里喷射出来呢？

（这是个室外实验！）

准备材料

1）一个水瓶
2）水
3）一根粗针以及一位帮手

操作步骤

1. 瓶子里灌上水。

2. 请大人在接近瓶底处钻一个小孔，让水能喷射出。

3. 重新灌满瓶子，高高举起，然后让它掉落到地上。确保周边没有人。

4. 你觉得喷射的水柱会有什么变化呢？

现象揭秘

重力把水往下拉，使水从孔中漏出。当你让瓶子掉落的时候，重力同时作用于瓶子和水，它们以相同的速度降落。也就是说重力不能把水抽出来。当瓶子掉落时，相当于所受重力为零。当瓶子着地后，水又会从瓶子里喷射出。

太空马桶

马桶冲水是利用了重力，但是它在太空里就不起作用了，因为那里没有重力能把水、小便和大便抽下去。因此，太空马桶只能利用吸力来收集一切。

！排忧解难

瓶子会快速掉落，因此你必须非常仔细地观察现象。如果你有摄像机，你可以把实验过程拍摄下来，然后进行慢速回放。

呕吐彗星

这架飞机被称为"呕吐彗星"是因为它会让你呕吐。呕吐彗星通过急速俯冲产生低重力。飞机里的人以相同的速度下降，因此无法感受到重力。

拓展实验

如果你快速地向上移动瓶子，水的喷射效果会受影响吗？你能想出一些方法，使水喷射得更厉害吗？

飞升的气球火箭

气球的飞升速度之快会让你惊叹不已!

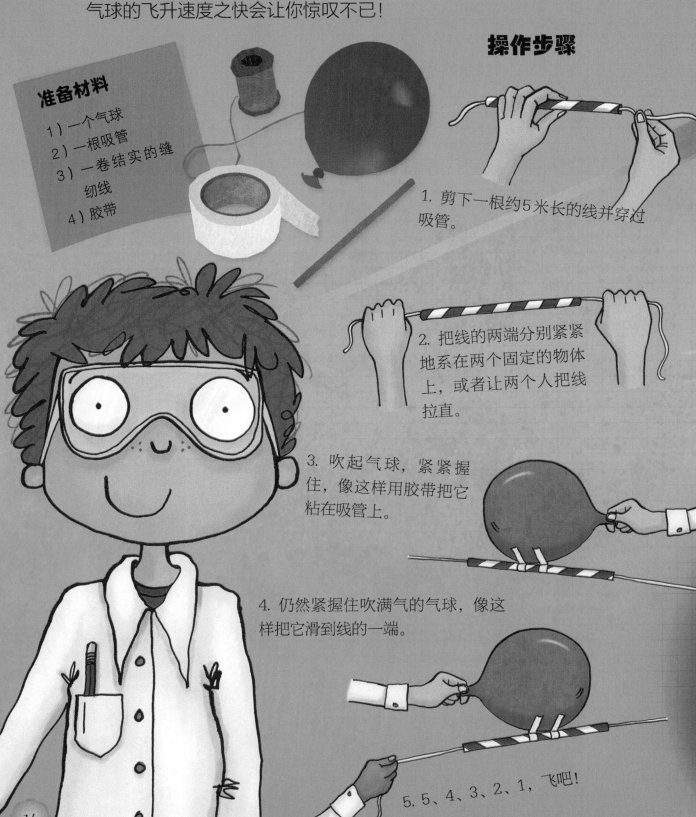

准备材料

1) 一个气球
2) 一根吸管
3) 一卷结实的缝纫线
4) 胶带

操作步骤

1. 剪下一根约5米长的线并穿过吸管。

2. 把线的两端分别紧紧地系在两个固定的物体上,或者让两个人把线拉直。

3. 吹起气球,紧紧握住,像这样用胶带把它粘在吸管上。

4. 仍然紧握住吹满气的气球,像这样把它滑到线的一端。

5. 5、4、3、2、1,飞吧!

现象揭秘

当你对气球松手的时候，里面的空气就喷射而出，因为空气是被有弹性的气球表面紧紧挤压在里面的。当气球将空气挤出来的时候，空气就向后推动气球，气球和吸管就都向前推进了。

排忧解难

一边要将吹满气的气球粘在吸管上，另一边又要紧紧握住气球，操作起来会比较困难。如果两个人一起合作，就容易多了。

力

这个实验表明只要有推力，就会在反方向形成相等的推力。气球推出空气，因此空气推动了气球，使它飞升。

太空火箭

真正的太空火箭就是从这样的原理运行的。即使太空里没有可推进的空气也没有关系。因为火箭朝一个方向喷出气体，就获得一个相反方向的推力。

拓展实验

你能让气球像真正的火箭一样向上发射吗？成功了吗？当物体向上运动的时候，它必须抵抗向下的重力。因此物体可能不会急速飞升。

杂志拔河赛

是什么神秘的力量使得两本未使用胶水的杂志紧紧粘在一起呢?

准备材料

两本大杂志,记事本或者厚厚的书本——纸张越薄越好

操作步骤

1. 像这样把两本杂志放置在桌面上,使页面边缘互相对齐。

2. 现在,像这样小心地把两本杂志的页面互相交叉叠放,轮流插页。

3. 试着拽住书脊用力拉开杂志。如果你没法拉开,尝试两个人一人拉一本杂志。注意安全!

现象揭秘

你可能会认为很容易就能拉开杂志，但是事实却非常困难！这是因为摩擦力的作用。摩擦力使物体表面互相紧贴，减缓了相对的运动速度。两张互相接触的纸张之间存在摩擦力，但是非常微小。而当杂志的所有书页互相夹在一起时，摩擦力就变得很大，它们就彼此贴得更紧了。

排忧解难

如果两本杂志大小相当，则实验效果最佳。

摩擦起火

摩擦使物体发热。这就是钻木取火的原因。为了测试一下，取两枚硬币，用指尖把硬币按在一叠白纸上，使其中一枚保持静止，将另一枚在纸上快速地来回摩擦10秒钟。其中一枚硬币是否变热了呢？

拓展实验

在桌面上推动不同物质，看看滑行的难易程度，测试其摩擦力。尝试一下硬币、巧克力块、鹅卵石、橡皮、塑料制品或者木尺，哪样物体贴得最紧，哪样物体最容易滑行呢？

果冻滑滑梯

如果你想很好地抓住物体，就必须加大摩擦力。但是如果你不想又该如何呢？为了减小摩擦力，你可以使用润滑物质，比如油。

准备材料

1) 一盒果冻
2) 一只光滑的装食物的盘子或者金属烘焙盘
3) 几本书或者一个小盒子
4) 食用油，比如葵花油

操作步骤

1. 把果冻分割成小方块。

2. 把托盘靠在盒子上或者书堆上，形成一个斜坡。

3. 把果冻块放在斜坡上，看看是否能让它们往下滑。

4. 在果冻和斜坡上覆盖一层葵花油，再次尝试让它们下滑。

现象揭秘

要产生摩擦力，两个物体表面必须发生摩擦。没有使用油的时候，果冻和托盘表面的小凸起和小疙瘩就会互相卡住和粘住。食用油担当着分离表面的屏障作用。其它的液体也能够减小摩擦力。比知，潮湿的地板很容易滑倒，这是因为水使你的脚和地板分离，导致脚底很难贴紧地板。

排忧解难

如果你没有果冻或者不想使用果冻，那么也可以用正方形或者长方形的橡皮，效果一样。

滑雪

滑雪者和单板滑手会给他们的滑雪板上蜡，从减小摩擦力。蜡比油更稠更硬，却更润滑。正是因为蜡更稠，它就更具黏附性，从坡道俯冲下来时就更易牢固地附着在滑板上。

拓展实验

使用不同的液体，比知食用油、水、牛奶和婴儿油，设置一个果冻块的滑滑梯比赛吧。哪种液体最能减小摩擦力呢？

飞扬的水桶

当装满水的杯子倒置时，水就会洒落。难道不会吗？

准备材料

1) 一个结实的纸杯子
2) 结实的绳子
3) 一根大针
4) 水
5) 一个安全的室外场地

操作步骤

1. 请大人帮忙在杯子两侧、杯沿下方钻两个小孔。

2. 剪下1米长的绳子，两头分别穿过小孔，然后像这样系住，制成一个拥有长把手的小水桶。

小孔　　　　小孔

3. 装入半杯水。

4. 在室外远离人群处，小心地来回摇晃水桶，然后晃成一个圈。此时水桶就完全被倒置了。

现象揭秘

如果你握住杯子然后倒置，重力就会使水往下洒出。但是在这个实验中，事实却不是这样！

一切运动的物体，都会保持直线运动状态直到有外力迫使它改变为止。当水连同杯子一起旋转时，它们都努力保持直线运动而脱离你。但是绳子的拉力迫使它们逃脱，因此它们改为绕圈运动。这两种力互相抵消，水就仍然在杯子里。

排忧解难

为了制成一个更结实的水桶，可以把两个杯子叠在一起进行实验。

轨道上的行星

同样的力使得太阳系中的行星保持在轨道上运行。行星飞速运行，努力保持直线运动。但是太阳的引力使得它们围绕太阳作圆周运动。游乐场的旋转飞椅（见右图）也是同样的原理。

拓展实验

你能把杯子旋转得多慢呢？是否可能让一些水洒落下来呢？

旋转的风速计

人类已经发明了各种各样的测力机器。这有一种用来测试风力的装置。

准备材料

1）5个纸杯子
2）一支马克笔
3）吸管
4）一根带橡皮头的
削尖的铅笔
5）一颗图钉
6）胶带
7）雕塑黏土

操作步骤

1. 如上图所示，用铅笔在5个杯子上分别钻孔。

2. 其中一个杯子用马克笔上色使其区别于其它杯子。

3. 中间的杯子用两根吸管穿过，使吸管十字形交错。

测量空气流速的仪器叫风速计。

4. 把带橡皮头的铅笔穿过杯底，橡皮头朝上。

5. 如图，小心地用图钉钉住交错的吸管和橡皮。

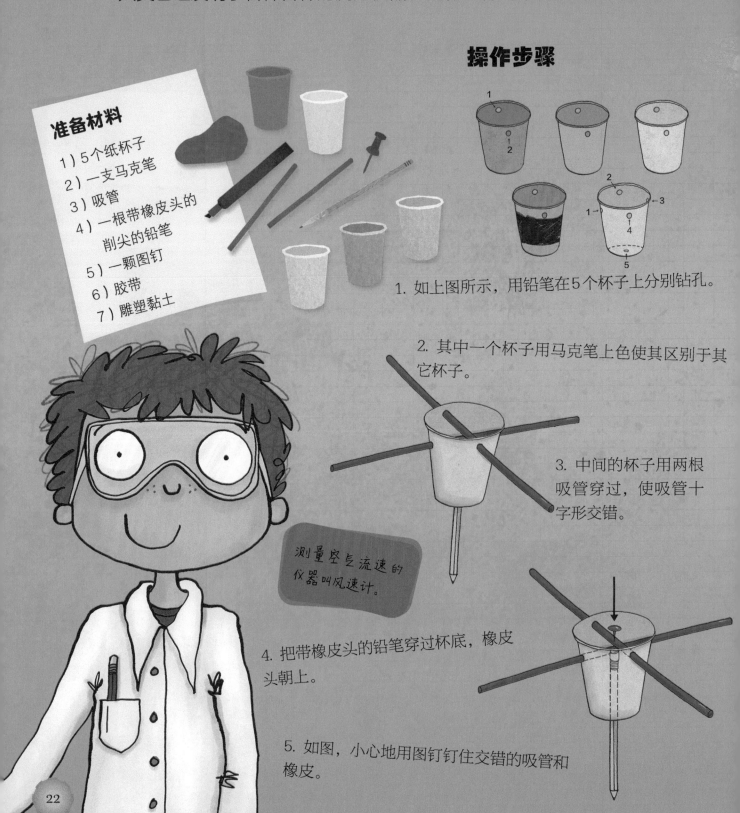

6. 像这样把剩下的四个杯子穿在吸管上，并用胶带固定。

7. 把铅笔头戳在一团雕塑黏土上或者地上。

8. 当有风的时候，看看你的风速计能旋转到多快！

现象揭秘

刮风的时候，风推动了风速计的杯子。风穿过杯底，然后吹进下一个杯口，从而推动杯子前进。因为杯子被连接在一起，所以它们会旋转起来。风速越快，风速计就旋转得越快。

！ 排忧解难

按图钉不要太用力——留点空隙吸管才能旋转。

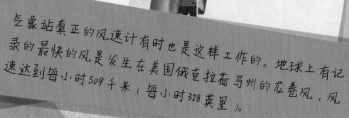

气象站真正的风速计有时也是这样工作的。地球上有记录的最快的风是发生在美国俄克拉荷马州的龙卷风，风速达到每小时509千米（每小时318英里）。

拓展实验

数一数涂色的杯子在一分钟内旋转了几次，从而测出风速吧。

乒乓球抛射机

机器利用各种力来为我们工作。这个乒乓抛射机是基于抛石机原理制成的。抛石机是一种发明于中世纪，利用重力来攻击城堡的武器。

准备材料

1）一个长柄木勺
2）一根铅笔
3）一根橡皮筋
4）雕塑黏土
5）书本若干
6）乒乓球

操作步骤

1. 把木勺和铅笔十字交错，用胶带在中间缠绕固定。

2. 在木勺柄末端粘上一大团雕塑黏土。

3. 叠起两堆同等高度的书，把铅笔架在书上，使木勺处于书本中间。

4. 把勺头向下按压到地上，并放上一个乒乓球。当你松手的时候，抛石机就开火了。

现象揭秘

抛石机是一种杠杆——中间带有平衡点，或者支点的一根长长的木棒或横梁。当你把一端向下压时，另一端就会翘起来，反之亦然。当你松开勺子的时候，重力把较重的一端快速下拉，使得勺头一端向上弹起，从而使乒乓球抛向空中。

！ 排忧解难

如果勺头又深又圆，那么实验效果就更好。

攻击城堡

真正的抛石机在攻击城堡的时候抛射什么呢，不是乒乓球，而是厚重的岩石、点火枪等。

拓展实验

尝试使用不同的重量、勺子和高度来进行实验，使球体抛射得尽可能远和尽可能高。用盒子制造一个"城堡"，看看你能否使球击中城堡。你能用轻质木材或者模型玩具制作一个更持久耐用的抛石机吗？

燃气火箭

制作这个火箭，你需要一个带弹盖的容器。请戴好防护眼镜并在室外空旷的地方进行实验！

准备材料

1) 一个带弹盖的塑料容器
2) 简易卡片
3) 胶带
4) 签字笔
5) 小苏打
6) 一个茶匙
7) 醋
8) 面纸

操作步骤

1. 把卡片卷在容器外壁并用胶带固定，制成一个桶（带盖子的一端朝下）。

2. 画上窗户或者数字装饰火箭，如果你喜欢，还可以加上鼻锥段和火箭鳍。

3. 在面纸上放一勺小苏打，并包裹起来。

4. 把火箭倒置过来，倒入一半醋。

5. 快速投入纸团，按上盖子，翻转过来放置在地上，并且靠后站。

现象揭秘

嗖——如果实验成功，火箭就会被充满的气体弹开盖子，飞射到空中。小苏打和醋发生化学反应产生了二氧化碳气体。气体慢慢充满容器，最后形成强大的推力顶开了盖子。

! 排忧解难

如果火箭太窄，不易站立于地面，那么尝试把它按在雕塑黏土基座上。

拓展实验

除了使用醋，也可以尝试其它的弱酸性物质，比如柠檬汁、橘子汁或者碳酸水。哪一个效果最佳呢？

想要观察化学反应，可以把小苏打和酸混合在碗里。你会看到实验中提供推力的大量气泡。

磁力

磁铁与磁铁之间或者磁铁与某些金属之间存在着一种神奇的吸引力或者排斥力。通过以下实验来测试一下吧。

准备材料

1）不同形状、大小和磁力的磁铁若干
2）日常金属制品
3）细线
4）胶带

操作步骤

1. 将磁铁靠近不同的金属制品，比如曲别针、大头针、硬币、发卡、勺子、平底锅或者冰箱。磁铁吸引哪些物体呢？

2. 用细线系住曲别针并固定住细线另一端，然后用磁铁使它们悬浮在空中。

3. 两块磁铁如果放对位置就会互相排斥。尝试调整位置使它们互相排斥。然后一人拿一块磁铁，看是否能把它们推挤到一起。

4. 两块磁铁中间放上白纸、卡片、木块或者手指，磁铁还能起作用吗？

现象揭秘

什么是磁铁呢？磁铁是一块能在周围产生磁场的金属，磁场的存在能够影响某些金属和其它磁铁。磁铁具有这种特性是因为其内部的微小粒子以一种特殊的形式排列。只有少数金属能够变成磁铁。它们包括铁、钢（含有铁）和镍。

磁铁的两端或两边分别被称为南极和北极。同性相排斥，异性相吸。

日常生活中的磁铁

磁力用途广泛。磁铁可以用来吸住冰箱门上的各种清单，可以用来吸碎金属，还可以制造磁悬浮列车（如下图）。正是因为有磁铁，读卡器、扬声器、麦克风和发动机才能发挥作用。地球也是一个巨大的磁铁，因此指南针里的小磁针始终指向北极。

拓展实验

你能利用磁铁来设计一个魔术吗？使物体看起来似乎是自己移动的。

词汇表

酸	一种化学物质，达到一定浓度可以腐蚀其它物质。
风速计	一台测量空气流速的仪器。
压缩	加大压力，减小体积。
接触力	只有相互接触才会发生的力。
能量	物体做功的能力。
力	指物体间的相互作用，可以使物体运动、停止或发生形变。
超距力	指不需发生接触而发生作用的力。
摩擦力	两个表面接触的物体相互运动时互相施加的一种物理力。
气体	没有一定形状和体积,分子可以自由流动的物质。
重力	由于地球的吸引而使物体受到的力。
杠杆	一根在力的作用下可绕固定点转动的硬棒，类似跷跷板。
磁悬浮列车	一种靠磁悬浮力（即磁的吸引力和排斥力）来推动的列车。
质量	指物体所含物质的多少。
分子	构成物质的微粒。
轨道	一个物体围绕另一物体运转的路径。
支点	杠杆发生作用时起支撑作用固定不动的一点。
两极	指磁铁的两端。
排斥	指一切具有分离、扩散性质的运动形式。
太阳系	以太阳为中心，和所有受到太阳的引力约束天体的集合体。
抛石机	指中世纪用于攻击城堡的机器。

延伸阅读

书籍

《能量是什么？》

［韩］李银哲，洪元杓. 化学工业出版社，2013年12月.

《我家是科学实验室！》

［韩］辛贤贞，崔贤贞. 化学工业出版社，2013年7月.

网站

超级科学：力

http://pbskids.org/zoom/activities/sci/#forcesenergy

科学少儿：运动中的力

http://www.sciencekids.co.na/gamesactivities/

forcesinaction.html

让孩子着迷的经典科学启蒙游戏

各分册内容简介

加速前进

加速前进！
冲刺的小汽车
吸管发射器
竹蜻蜓
零重力和水的喷射
飞升的气球火箭
杂志拔河赛
果冻滑滑梯
飞扬的水桶
旋转的风速计
乒乓球抛射机
燃气火箭
磁力
词汇表
延伸阅读

千变万化

千变万化
绿色硬币
火山喷发
紫甘蓝实验
爆炸的饮料
让盐失而复得
有弹性的骨头
瓶子吹气球
魔法冰块
塑料袋冰淇淋
蒸馏纯净水
自制黄油
霉菌的世界
词汇表
延伸阅读

噼里啪啦

砰！！！
看见声音
各种各样的声音
声音的传播
声音的速度
声音的大小
会发声的杯子
声音的高低
语音
固体传声
阻挡声音
寻找声音
你有音乐天分吗？
词汇表
延伸阅读

越长越大

越长越大
蛋壳脑袋
种豆子
蔬菜发芽
黑袋子气球
制作温度计
膨胀的冰块
糖绳
自制钟乳石
微波棉花糖
爆米花
发面团
生奶油大挑战
词汇表
延伸阅读

绚丽之光

光
光与影
潜望镜
茶烛
室内彩虹
发光的信封、橡皮膏和糖果
夜光贴纸
制作发光瓶
荧光棒
发光的水流
激光果冻
针孔照相机
紫外线
词汇表
延伸阅读

水花四溅

液体
水花四溅
水的弹性皮肤
倒置的杯子
水气球爆炸
漂浮的物体
浮起来的葡萄干
神奇的液体分层
融化蜡笔的艺术
唾液试验
造一条河流
奇怪的玉米糊
水的乐趣多
词汇表
延伸阅读

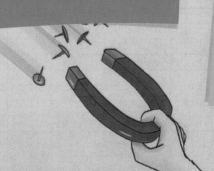